VISTA®
HIGHER LEARNING

SANTILLANA USA

© 2020, Vista Higher Learning, Inc.
500 Boylston Street, Suite 620.
Boston, MA 02116-3736
www.vistahigherlearning.com
www.loqueleo.com/us

© Del texto: 2020, Alma Flor Ada

Dirección Creativa: José A. Blanco
Director Ejecutivo de Contenidos e Innovación: Rafael de Cárdenas López
Editora General: Sharla Zwirek
Desarrollo Editorial: Lisset López, Isabel C. Mendoza
Diseño: Paula Díaz, Daniela Hoyos, Radoslav Mateev,
  Gabriel Noreña, Andrés Vanegas
Coordinación del proyecto: Brady Chin, Tiffany Kayes
Derechos: Jorgensen Fernandez, Annie Pickert Fuller
Producción: Oscar Díez, Sebastián Díez, Andrés Escobar,
  Adriana Jaramillo, Daniel Lopera, Daniela Peláez

Un reino perfecto
ISBN: 978-1-54332-338-2

Published in the United States of America

1 2 3 4 5 6 7 8 9 KP 25 24 23 22 21 20

Un reino perfecto

Alma Flor Ada

Ilustraciones de Ximena García

VISTA®
HIGHER LEARNING

SANTILLANA USA

En un reino lejano, rodeado de verdes colinas, riachuelos alegres, bosques frondosos y un cielo lleno de pájaros, vivían en armonía cuadrados y rectángulos, rombos y triángulos...

Todos eran muy alegres, trabajadores y amables. Como en todas partes, a veces sucedían cosas buenas y otras veces, no tan buenas, pero siempre existía la esperanza de que el día siguiente fuera mejor.

Los habitantes de aquel reino tenían formas diferentes. Los triángulos tenían tres lados, mientras que los rectángulos, los rombos y los cuadrados estaban compuestos por cuatro lados. Algunas veces estos lados eran iguales, pero otras veces, no.

A los habitantes del reino nunca les habían molestado estas diferencias. Más bien las encontraban interesantes y divertidas.

Todo cambió el día en que un nuevo rey subió
al trono. Era el rey Cuadrado IV y tenía algunas
ideas un poco raras, ideas que sus consejeros
le habían metido en la cabeza:

—Los cuadrados son figuras perfectas. Tienen cuatro lados iguales y cuatro ángulos iguales. No importa de qué lado los mires, son absolutamente perfectos.

El rey Cuadrado IV pensó que lo que decían sus consejeros tenía sentido y escuchó atento una nueva recomendación:

—Un rey cuadrado perfecto debe tener un palacio cuadrado perfecto, con patios cuadrados, ventanas cuadradas y puertas cuadradas…

Convencido, el rey dio orden de renovar todo el palacio. Los arquitectos reales convirtieron los patios en patios cuadrados e hicieron también cuadradas las puertas y ventanas.

Los consejeros, entonces, felicitaron al rey
por haber tomado tan sabia decisión. Ahora el
rey cuadrado perfecto tenía un palacio cuadrado
perfecto. Y sonrió cuando el más viejo de los
consejeros dijo:

—Los cuadrados son las únicas figuras perfectas.

Entonces, todos los consejeros le propusieron:

—En este palacio cuadrado perfecto, solo deben
entrar los cuadrados.

El rey les hizo caso otra vez a los consejeros
y dio orden de que solo los habitantes cuadrados
pudieran entrar al palacio.

Así que despidieron al triángulo cocinero,
a pesar de que su flan era conocido como el mejor
de toda la región; y al rectángulo jardinero, aun
cuando sus rosales amarillos eran los más bellos
de todo el reino; y al trapecio músico, aunque su
melodía llegaba, alegre, hasta los confines del mundo.

Por todo esto, en aquel tiempo, para los habitantes del reino que no eran cuadrados, parecía que a los días malos solo seguían días peores.

Los cuadrados tenían los mejores trabajos. En el mercado, los alimentos de mejor calidad eran para los cuadrados. En las calles, había guardias cuadrados, y quienes no fueran cuadrados tenían que tener un permiso especial para poder pasar.

Y cuando parecía que nada podía ser peor,
ocurrió la verdadera catástrofe: el rey Cuadrado IV
mandó construir, por sugerencia de sus consejeros,
una alta muralla alrededor de un amplio terreno
cuadrado y, entonces, promulgó una nueva ley:

"Todos los triángulos, rombos, rectángulos y
trapecios (es decir, todos los que no son cuadrados)
tienen que vivir dentro de la muralla. Allí sembrarán
y cultivarán alimentos para los ciudadanos del reino,
los cuadrados perfectos".

Luego, dio una orden a los guardias:

—Los cuadrados pueden entrar y salir libremente por las puertas de la muralla, pero… solo los cuadrados.

Los rombos y los trapecios salieron a protestar. Los rectángulos y los triángulos pidieron audiencia con el rey, pero les fue denegada. La única respuesta que obtuvieron de los guardias fue:

—Solo los cuadrados pueden pasar.

La alegría desapareció del reino. Ya no se oían risas ni música.

Muchos de los cuadrados tenían vecinos, amigos y familiares que eran triángulos, rombos o rectángulos, pero nadie se atrevía a hacer nada.

Hasta que Rosa, un pequeño cuadrado que extrañaba mucho a su mejor amiga, Violeta, que era un triángulo, decidió que ya era hora de hacer algo.

Rosa se acercó a la muralla y, como era un cuadrado, los guardias la dejaron pasar.

—Tengo una idea para que tú y tu familia puedan escapar —le dijo Rosa a Violeta, y pasó a explicarle—: Si dos triángulos como tú se juntan, forman un cuadrado.

—Pero no todos los triángulos que hay aquí forman un cuadrado —dijo Violeta—. No los podemos abandonar. Ni tampoco podemos abandonar a los rombos ni a los rectángulos.

Rosa se puso a pensar, a pensar, a pensar…

—¡No tendremos que abandonar a nadie! —gritó con entusiasmo.

Entonces, Rosa tomó un palito y trazó en el suelo esta figura:

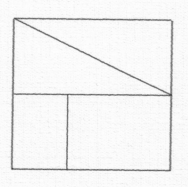

—También podríamos modificarla de esta otra manera:

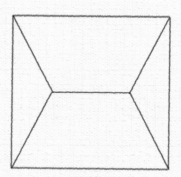

—¡Vamos a avisarles a todos! —dijo, y salió corriendo acompañada de su hermano Morado a buscar a familiares y amigos.

Entonces, los rombos, trapecios, rectángulos
y triángulos se unieron formando cuadrados.
Y como el rey Cuadrado IV había dicho que todo
cuadrado podía entrar y salir libremente por la
muralla, los guardias no los detuvieron.

Así pues, tras caminar durante varios días, llegaron a un valle rodeado de verdes colinas, riachuelos alegres, frondosos bosques y un cielo lleno de pájaros.

Fue en ese momento cuando, entre todos, decidieron que no necesitaban un rey. De ahora en adelante vivirían en paz y armonía, y juntos harían cosas maravillosas.

Y estas son algunas de las cosas que hicieron: